四川省工程建设地方标准

四川省城镇生活垃圾收集点设置标准

Standard for setting of cities and towns'
domestic waste collection spot in Sichuan Province

DBJ51/T 071 – 2017

主编单位： 成都市城市环境管理科学研究院
批准部门： 四川省住房和城乡建设厅
施行日期： 2 0 1 7 年 5 月 1 日

西南交通大学出版社

2017 成都

图书在版编目（ＣＩＰ）数据

四川省城镇生活垃圾收集点设置标准/成都市城市
环境管理科学研究院主编. —成都：西南交通大学出版
社，2017.6
（四川省工程建设地方标准）
ISBN 978-7-5643-5419-0

Ⅰ.①四… Ⅱ.①成… Ⅲ.①城镇－生活废物－垃圾
处理－地方标准－四川 Ⅳ.①X799.305-65

中国版本图书馆 CIP 数据核字（2017）第 091773 号

四川省工程建设地方标准

四川省城镇生活垃圾收集点设置标准

主编单位 成都市城市环境管理科学研究院

责 任 编 辑	李　伟
封 面 设 计	原谋书装
出 版 发 行	西南交通大学出版社 （四川省成都市二环路北一段 111 号 西南交通大学创新大厦 21 楼）
发 行 部 电 话	028-87600564　028-87600533
邮 政 编 码	610031
网　　　　址	http://www.xnjdcbs.com
印　　　　刷	成都蜀通印务有限责任公司
成 品 尺 寸	140 mm×203 mm
印　　　　张	1.375
字　　　　数	29 千
版　　　　次	2017 年 6 月第 1 版
印　　　　次	2017 年 6 月第 1 次
书　　　　号	ISBN 978-7-5643-5419-0
定　　　　价	22.00 元

关于发布工程建设地方标准
《四川省城镇生活垃圾收集点设置标准》的通知

川建标发〔2017〕79 号

各市州及扩权试点县住房城乡建设行政主管部门，各有关单位：

由成都市城市环境管理科学研究院主编的《四川省城镇生活垃圾收集点设置标准》已经我厅组织专家审查通过，现批准为四川省工程建设推荐性地方标准，编号为：DBJ51/T 071－2017，自 2017 年 5 月 1 日起在全省实施。

该标准由四川省住房和城乡建设厅负责管理，成都市城市环境管理科学研究院负责技术内容解释。

四川省住房和城乡建设厅

2017 年 2 月 10 日

前　言

　　根据四川省住房和城乡建设厅《关于下达工程建设地方标准〈四川省城镇生活垃圾收集点设置标准〉编制计划的通知》（川建标发〔2015〕743号）的要求，标准编制组经广泛调查研究，认真总结实践经验，参考有关标准，并在广泛征求意见的基础上，编制了本标准。

　　本标准共6章和2个附录，主要内容包括：总则、术语、基本规定、规模与类型、选址与设置、收集容器与建构筑物。

　　本标准由四川省住房和城乡建设厅负责管理，成都市城市环境管理科学研究院负责具体技术内容的解释。执行过程中如有意见或建议，请寄送成都市城市环境管理科学研究院（地址：成都市青羊区柿子巷5号，邮政编码：610015，联系电话：028-68557613，邮箱：yu4jiang@163.com）。

主 编 单 位：成都市城市环境管理科学研究院
参 编 单 位：成都中科能源环保有限公司
主要起草人：蒋　宇　　查　坤　　曾　晶　　万　杨
　　　　　　　文昊深　　罗　辉　　米　莉　　何　伟
主要审查人：刘　丹　　吴济华　　李国林　　李　东
　　　　　　　胡双梅　　张　剑　　黄文雄

目　次

Contents

1 总 则

1.0.1 为指导和规范城镇生活垃圾收集点（以下简称"收集点"）的设置，全面推进生活垃圾分类，减少生活垃圾收集环节对周边环境的影响，提高环境卫生精细管理水平，制定本标准。

1.0.2 本标准适用于四川省城镇规划区内收集点的设置。废物箱设置不适用本标准。

1.0.3 收集点设置除应执行本标准外，尚应符合国家及四川省现行有关标准的规定。

2 术 语

2.0.1 垃圾收集点 refuse collection spot

垃圾收集点是指设计收集能力小于 4 t/d 且占地面积小于 120 m^2 供人们直接投放并短时间暂存垃圾的收集设施。

2.0.2 固定式收集点 fixed collection spot

固定式收集点是指修筑有建构筑物且位置固定的垃圾收集点。

2.0.3 容器式收集点 collection spot with placing containers

容器式收集点是指仅放置可移动垃圾收集容器的垃圾收集点。

2.0.4 垃圾房 refuse room

垃圾房是指直接将袋装垃圾或散装垃圾投放在内部的地面上的封闭式垃圾收集建筑物。

2.0.5 垃圾容器间 refuse room with placing containers

垃圾容器间是指在内部放置垃圾收集容器的封闭式垃圾收集建筑物。

2.0.6 地埋式收集点 underground collection spot

地埋式收集点是指部分建构筑物或全部建构筑物位于地面下的收集点。

2.0.7 二次分拣 secondary sorting

二次分拣是指由专人或专业设备对分类投放的生活垃圾进行再次分拣的过程。

3 基本规定

3.0.1 收集点设置应符合城市生活垃圾治理规划要求。

3.0.2 收集点设置应综合考虑城镇功能区、建构筑物特点、生活垃圾产量性状、产生源分布、收集运输方式等因素，选择合适的容器和建构筑物形式，应满足密闭化要求。

3.0.3 开展垃圾分类收集的地区，应设置分类收集点。分类收集点应与分类收集、运输要求相适应。

3.0.4 城市收集点的服务半径不宜超过 70 m，镇建成区收集点的服务半径不宜超过 100 m。

3.0.5 收集点的位置应固定，并满足安全投放的要求。

3.0.6 收集点必须与城镇规划区内其他建构筑物同时设计、同时施工、同时投入使用。

3.0.7 收集点外观设计应与周边建筑风格协调，并融合当地民族特色。

4 规模与类型

4.0.1 收集点的设计规模应满足其收集范围内高峰时段生活垃圾投放和暂存的要求。收集点设计规模计算方法应符合本标准附录 A 的规定。

4.0.2 收集点分为固定式收集点和容器式收集点；其中固定式收集点按照建构筑物外形可分为垃圾房、垃圾容器间、围挡式收集点和地埋式收集点。

4.0.3 收集点的设计接纳能力，可按其规模分为Ⅰ类、Ⅱ类和Ⅲ类。其类型主要指标应符合表 4.0.3 的规定。

表 4.0.3　生活垃圾收集点类型主要指标

类型	设计规模 /（t/次）	占地面积 /m²	与地面邻近建筑物间隔/m	主要形式
Ⅰ类	2 ~ 4	40 ~ 120	≥10	容器式收集点、垃圾容器间和密闭地埋式收集点
Ⅱ类	0.5 ~ 2	10 ~ 60	≥10	容器式收集点、垃圾房、垃圾容器间
Ⅲ类	≤0.3	0.5 ~ 5	≥2	容器式收集点、围挡式收集点

注：1　Ⅰ、Ⅱ类收集点占地面积含清运车辆回车场地面积和二次分拣场地面积，垃圾分类收集种类多的宜取高值；

　　2　与地面相邻建筑间隔自收集容器外壁起计算；

　　3　本表各类型含下限，不含上限。

5 选址与设置

5.1 选 址

5.1.1 对于Ⅰ类收集点，选址应符合下列规定：

1 宜具有方便、可靠的电力及给排水管网接入条件；

2 收集车进出通道宽度不宜低于3 m；

3 距人员密集活动场所或居住场所不应少于10 m；

4 不宜设置在公共设施集中区域和人流、车流密集区域；

5 不应设置在地质灾害隐患区和不符合法律规定的区域内。

5.1.2 对于Ⅱ类收集点，选址应符合下列规定：

1 应靠近给排水管网；

2 收集车进出通道宽度不宜低于2.5 m；

3 距人员密集活动场所或居住场所不应少于10 m；

4 不宜设置在公共设施集中区域和人流、车流密集区域；

5 不应设置在地质灾害隐患区和不符合法律规定的区域内。

5.1.3 对于Ⅲ类收集点，选址应符合下列要求：

1 宜靠近排水管网收集口；

2 应靠近主要行人通道。

5.1.4 开展垃圾分类收集地区的Ⅰ、Ⅱ类收集点选址也应符合本标准规定。

5.2 设 置

5.2.1 政府机关、社会团体、企事业单位、学校、商场、市场、交通枢纽站点、文体设施等区域及居住区应在其内部设置收集点。

5.2.2 城镇主次干路、人流活动密集的支路不宜临街设置收集点。

5.2.3 居住小区组团应设置至少 1 个Ⅰ类或Ⅱ类收集点,宜按照 120~350 人设置 1 个Ⅲ类收集点或按照楼栋单元在每个地面和地下出入口分别设置 1 个Ⅲ类收集点。

5.2.4 利用地下空间设置Ⅰ类和Ⅱ类收集点的,收集点净空高度不宜低于 4 m。

5.2.5 开展生活垃圾分类收集的地区,可单独设置可回收物收集点和有害垃圾收集点,每个Ⅲ类收集点应分别收集易腐垃圾和其他垃圾。

6 收集容器与建构筑物

6.1 收集容器

6.1.1 垃圾收集容器应包括垃圾桶（箱）和垃圾专用集装箱。

6.1.2 垃圾收集容器应防腐、阻燃、耐磨、抗老化、便于移动和清洗，并不易变形和毁损，应符合国家现行有关产品标准的规定。

6.1.3 Ⅰ类收集点单个收集容器有效容积不宜超过 9 m³，Ⅱ类收集点单个收集容器有效容积不宜超过 5 m³，Ⅲ类收集点单个收集容器有效容积不宜超过 0.2 m³。

6.1.4 根据生活垃圾收集点收集范围内高峰时段生活垃圾排出体积及收集容器有效容积计算收集容器数量。高峰时段垃圾排出体积及收集容器数量计算方法应符合本标准附录 B 的规定。

6.1.5 分类收集点应根据收集垃圾的性质设置分类收集容器。分类收集容器的色彩及分类标识应符合现行国家标准《生活垃圾分类标志》GB/T 19095 的要求。混合垃圾收集容器宜使用其他垃圾的色彩及分类标识。

6.2 建构筑物

6.2.1 收集点建构筑物应满足垃圾举（提）升、分类存放、防雨、通风、遮挡、美化等功能需要。

6.2.2 城镇建成区的固定式收集点宜采用垃圾容器间、地埋式收集点建筑物形式；城镇建成区以外的固定式收集点可采用垃圾房、垃圾容器间、地埋式收集点等建筑物形式。

6.2.3 收集点建构筑物内部及周边、进出通道地面应实行硬化，并设置地面排水坡度和冲洗污水收集、排放管道（沟、渠）。

6.2.4 收集点建筑物外墙应采用美观、耐用、易清洁的装饰材料，内墙面和地面应采用防腐、防滑、防水、易清洗的装饰材料，顶棚表面应做防水处理。

6.3 配套设施设备

6.3.1 地埋式收集点应配备举（提）升装置和供配电系统，在举（提）升过程中应确保垃圾无洒落，并设有渗滤液收集系统。

6.3.2 Ⅰ类和Ⅱ类固定式收集点宜设置供水设施。有条件的Ⅰ类收集点可配备垃圾桶清洗装置。

6.3.3 Ⅰ类和Ⅱ类收集点可配备照明设施。

6.3.4 Ⅰ类和Ⅱ类收集点应设置毒鼠站等防鼠灭鼠设施。

6.3.5 收集点应进行编号，并在现场设置管理信息标（铭）牌，标明编号、权属责任单位、责任人和举报电话等内容。

6.3.6 分类收集点可设置分类公示牌或宣传栏。

附录 A 收集点设计规模计算方法

A.0.1 收集点收集范围内的生活垃圾日产生质量应按下式计算：

$$Q = A_1 A_2 RC \qquad\qquad (A.0.1)$$

式中：Q——垃圾日产生质量（kg/d）；

A_1——垃圾日产生质量不均匀系数，取 1.1 ~ 1.5；

A_2——服务人口变动系数，取 1.02 ~ 1.05；

R——收集范围内规划服务人口数量（人）；

C——预测的人均垃圾日产生质量[kg/(人·d)]，应按当地实测值选用；无实测值时，可取 0.8 ~ 1.2。

A.0.2 收集点设计规模应按下式计算：

$$Y = A_3 A_4 Q/1\ 000 \qquad\qquad (A.0.2)$$

式中：Y——收集点设计规模（每日高峰时段垃圾日产生质量）（t/次）；

A_3——每日高峰时段垃圾产生系数；当 $A_4 \geqslant 1$ 时，$A_3 = 1$；$A_4 < 1$ 时，$A_3 = 1.1 ~ 1.3$，每日清除次数越多，取值越低；

A_4——垃圾清除周期（天/次）；当每日清除 n 次时，$A_4 = 1/n$；每 n 日清除 1 次时，$A_4 = n$。

附录 B 高峰时段垃圾排出体积及收集容器数量计算方法

B.0.1 生活垃圾收集点收集范围内的高峰时段垃圾排出体积应按下式计算：

$$V_{max} = Y/(D_{ave}A_5) \qquad (B.0.1)$$

式中：V_{max}——高峰时段生活垃圾排出最大体积（m^3/次）；

Y——收集点设计规模（每日高峰时段垃圾日产生质量）（t/次）；

D_{ave}——生活垃圾平均密度（t/m^3），一般选取 0.25~0.7，燃气比例越大，取值越低；

A_5——高峰时段生活垃圾密度变动系数，一般选取 0.7~1.0。

B.0.2 生活垃圾收集点所需设置的收集容器数量应按下式计算：

$$N = V_{max}/(EB) \qquad (B.0.2)$$

式中：N——收集点所需设置的收集容器数量；

E——单只垃圾容器的额定容积（m^3/只）；

B——垃圾容器填充系数，0.75~0.9。

本标准用词说明

1 执行本标准条文时区别对待，对要求严格程度不同的用词说明如下：

1）表示很严格，非这样做不可的用词：

正面词采用"必须"；反面词采用"严禁"；

2）表示严格，在正常情况下均应这样做的用词：

正面词采用"应"；反面词采用"不应"或"不得"；

3）表示允许稍有选择，在条件许可时，首先应这样做的用词：

正面词采用"宜"；反面词采用"不宜"；

4）表示有选择，在一定条件下可以这样做的，采用"可"。

2 条文中指明应按其他有关标准执行的写法为："应按……执行"或"应符合……要求或规定"。

引用标准名录

1　《城市居住区规划设计规范》GB 50180
2　《城市环境卫生设施规划规范》GB 50337
3　《生活垃圾分类标志》GB/T 19095
4　《环境卫生设施设置标准》CJJ 27
5　《生活垃圾收集站技术规程》CJJ 179
6　《生活垃圾收集运输技术规程》CJJ 205
7　《市容环境卫生术语标准》CJJ/T 65
8　《塑料垃圾桶通用技术条件》CJ/T 280

四川省工程建设地方标准

四川省城镇生活垃圾收集点设置标准

Standard for setting of cities and towns'
domestic waste collection spot in Sichuan Province

DBJ51/T 071 - 2017

条 文 说 明

编制说明

《四川省城镇生活垃圾收集点设置标准》DBJ51/T 071 – 2017（以下简称本标准），经四川省住房和城乡建设厅 2017 年 2 月 10 日以第 79 号公告批准、发布。

本标准编制过程中，编制组进行了广泛深入的调查研究，总结了四川省生活垃圾收集点规划、设计、建设和运行的实践经验，取得了生活垃圾收集点设计、设置、建设和管理的技术参数和要求。

为便于广大设计、施工、管理等有关单位人员在使用本标准时能正确理解和执行条文规定，《四川省城镇生活垃圾收集点设置标准》编制组按章、节、条顺序编制了本标准的条文说明，对条文规定的目的、依据以及执行中需注意的有关事项进行了说明。但是，条文说明不具备与标准正文同等的法律效力，仅供使用者作为理解和把握标准规定的参考。

目 次

1 总 则

1.0.1 本条文说明了制定本标准的目的。

生活垃圾收集点（以下简称"收集点"）是与人们生活环境最密切相关的垃圾收集设施，其数量大、分布广，一般适用人工投放。现有收集点存在选址困难、缺乏设置标准、布局不合理等问题，为进一步满足人们投放生活垃圾和收集点规范设置的需要，结合我省推广生活垃圾分类和提高环境卫生管理水平的要求制定本标准。

1.0.2 本条文说明了本标准的适用范围。

本标准适用范围包含四川省城市、建制镇和集镇内政府机关、企事业单位、社团组织、居住组团、学校、商场、市场、街道、交通枢纽站点、文体设施等收集点。本标准可供规划设计单位、环境卫生主管部门、社区、物业等单位在收集点规划、设计、建设过程中使用。由于条件限制，现有建成区垃圾收集点很难完全按标准设置，可沿用原来设置，但旧城改造或有条件的区域收集点设置应适用本标准，新规划的新城、新区、新建各类开发区及镇区的收集点设置应适用本标准。本标准中收集点不包含小区、商场、街道等供行人使用的废物箱（果屑桶）。

1.0.3 本条规定了设置收集点应符合国家现行有关标准的规定。

2 术 语

　　本标准条文中所涉及的基本技术用语大部分已在《城市规划基本术语标准》（GB/T 50280）、《市容环境卫生术语标准》（CJJ/T 65）等标准中给出，基于使用方便和不能重复引用的原则，本章中不再出现。但对部分概念容易混淆的名词，仍然在本章列出。对于其他标准规范中尚未明确定义的专用术语，但在我国城乡规划和城市环境卫生领域中已成熟的惯用技术术语，加以肯定、纳入，以利于对规范的正确理解和使用。

3 基本规定

3.0.1 收集点的设置应满足当地城市生活垃圾治理规划提出的收集模式、收运体系、设置原则等方面的要求。

3.0.2 全省各地生活垃圾产生源分布、垃圾产量性质、垃圾分类方式、垃圾收运方式等各有所异,设置收集点的区域功能、建筑结构、收集能力、收运车辆等也不尽相同,因此收集点容器和建构筑物形式应统筹考虑以上因素,同时为减轻对周围环境的影响,收集点应采用密闭容器或修建封闭式建构筑物。

3.0.3 根据国家标准《中华人民共和国固体废物污染环境防治法》(主席令第二十三号)和《城市生活垃圾管理办法》(建设部令第 157 号)的有关要求,生活垃圾应逐步实行分类投放、收集、运输和处置。目前,全省各城市垃圾分类推进程度不同,在开展垃圾分类收集运输的区域,收集点的设置还应满足当地垃圾分类方式、分类垃圾性质、清运频率、运输工具和实施方式等要求。

3.0.4 本条采用国家标准《环境卫生设施设置标准》CJJ 27 中"城市垃圾收集点的服务半径不宜超过 70 m,镇(乡)建成区垃圾收集点的服务半径不宜超过 100 m"的规定,确定了收集点服务半径上限。

3.0.5 固定的收集点有助于居民集中投放生活垃圾,避免过于分散的点源污染,方便垃圾集中清运,提高收集效率。为保证人们安全投放生活垃圾,设置收集点服务范围时尽量不跨越城镇道路。

3.0.6 各地建设项目中配套环卫设施的建设严重滞后，往往是所有工程完工后才进行环卫设施的添补，设施选点落地十分困难。比如居民小区的收集点在居民购房或入住后再进行设置或移动，居民会认为影响自己住家环境而抵触，容易造成邻里矛盾甚至激化成社会矛盾，若占用绿化带或道路设置的收集点缺乏相应的污水排放、绿化隔离等设施，也容易产生环境污染，造成恶性循环。因此，本条强调收集点与其他建构筑物的"三同时"原则必须严格执行，防止构建筑物建成使用后再设置收集点产生新的矛盾纠纷和环境问题。同时，各地环境卫生主管部门应在收集点设计和验收阶段提前介入，确保新建收集点与垃圾收运体系的无缝对接。

3.0.7 随着对环卫设施建设的重视，为转变人们对环卫设施"脏乱差"的印象，减轻邻避效应，近年来，公共厕所、垃圾收集站、转运站等环卫设施外观设计向景观化趋势发展。收集点作为与居民接触最多的环卫设施，其造型美观、风格与周围环境协调尤为重要，在外观设计时应将收集点作为城市景观的一部分进行设计。少数民族地区的收集点外观设计还应结合少数民族地区建筑特点，将收集点融入当地民族特色建筑风貌中。

4 规模与类型

4.0.1 本条是对收集点规模的基本要求。收集点规模的大小直接关系收集存放的垃圾多少，影响到是否造成垃圾堆积和环境卫生问题。收集点规模应按照其服务区域内高峰时段的垃圾产量来设计，分类收集时垃圾产量应按各类垃圾的总产量计算。

4.0.2 本条对收集点进行了分类。无论建构筑物内部是否放置有垃圾收集容器，都属于固定式收集点。

4.0.3 本条按照收集点的设计规模，结合各地收集车辆和收集模式等具体条件将收集点分为三类。同样的收集范围，清运频率高，设计规模就可以缩小，实际上同一区域内各收集点收集频率也可能不同，为了各地方便根据自身作业条件设置收集点，这里使用"t/次"作为收集点设计规模单位。

为了规范管理，本标准将在人们生活和办公场地出入口设置的主要使用垃圾桶等小型收集容器的收集点定为Ⅲ类收集点，其清运频率较高，一般由物业服务单位确定，每日清运 2 次以上，设计规模一般在 0.3 t/次以下；将供人们直接投放垃圾且能够集中存放Ⅲ类收集点运送的垃圾并外运的收集点定义为Ⅰ类和Ⅱ类收集点，并按照收集车辆种类进行区分，Ⅱ类收集点通过微、小型车辆完成收运作业，微、小型收集车辆车载重一般在 0.5～2 t，因此将Ⅱ类收集点设计规模确定为 0.5～2 t/次，Ⅰ类收集点一般需使用中型车辆完成收运作业，载重一般超过 2 t，因此将Ⅰ类收集点设计规模确定为 2～4 t/次，

Ⅰ类和Ⅱ类收集点外运频率通常由当地环卫主管部门确定，一般为 1~3 次。

本条提出了各类收集点用地面积要求。Ⅰ、Ⅱ类收集点都有集中暂存的功能，设计规模相对较大，若考虑垃圾分类存放及建构筑物修建的需要，Ⅰ类收集点的设施设备本身一般需 20~70 m^2 的用地面积，Ⅱ类收集点的设施设备本身一般需 5~40 m^2 的用地面积，同时Ⅰ类收集点需 20~50 m^2 的回车场地，Ⅱ类收集点需 5~20 m^2 的回车场地。目前，小区内收集点设置时往往未考虑回车场地的用地需求，使得收集点不能正常使用，因此本标准将回车场地的用地需求一并计入收集点占地面积，在实际中只要确保收集点周边空地面积满足回车场地用地面积需求即可，无须专门设置回车场；同时，Ⅰ、Ⅱ类收集点并不是随时都需回车，回车场地也可用作二次分拣场地，因此不再单独设置分拣场地。Ⅲ类收集点数量较多，清运作业和存放时间短，一般可使用人力清运或三轮车临时占道清运，随收随走，也不鼓励在Ⅲ类收集点开展二次分拣，因此Ⅲ类收集点占地面积未包括收运车辆回车场地面积和二次分拣场地面积。

本条还列举了各类收集点的建筑物间距。收集点生活垃圾产生的臭味、污水、蚊蝇等会对周围环境产生影响，调查中Ⅰ、Ⅱ类收集点与人们活动的主要建筑物距离通常为 8~20 m，一般设置距离在 10 m 以上投诉较少；Ⅲ类收集点主要方便人们投放垃圾，调查中有 90% 以上的受访者希望将收集点设置在单元楼下或小区门口 2~6 m 的距离。因此，Ⅰ、Ⅱ类收集点与地面邻近建筑物间隔应在 10 m 以上，Ⅲ类收集点与邻近建筑物间隔应在 2 m 以上。

5 选址与设置

5.1 选 址

5.1.1 本条对Ⅰ类收集点选址做出了要求。

Ⅰ类收集点垃圾量较大，若配备举（提）升装置，则选址时应考虑配有安全的供电系统；收集点当日清运完后应对收集容器和地面进行清洁，并将产生的污水收集排入市政污水管网；为方便收集车辆的装卸作业和减少交通安全事故，收集点宜设置在车辆容易停靠的僻静处；出入通道宽度按照组团路标准设置，应保证大中型收集车辆的通行要求；同时不应在存在地质灾害隐患的区域和饮用水源保护区、动植物保护区、军事禁区等法律法规明确规定的区域内设置收集点。

5.1.2 本条对Ⅱ类收集点选址做出了要求。

Ⅱ类收集点选址要求和Ⅰ类收集点要求基本相近，但Ⅱ类收集点常常是使用垃圾专用集装箱的容器式收集点或垃圾容器间，对设备电源不做硬性规定；出入通道宽度按照宅间小路标准设置，保证微、小型收集车辆的通行即可。

5.1.3 本条对Ⅲ类收集点选址做出了要求。

Ⅲ类收集点清运频率较高，选址时一般注意避免污水积存即可。Ⅲ类收集点设置密度远大于污水管网密度，其产生冲洗污水较少排入雨水管网，也不会造成明显污染，因此提出Ⅲ类收集点设置靠近排水管网收集口，但有条件的还是应尽量排入污水管网；其设置应靠近行人经常行走的道路，方便人们投放垃圾。

5.1.4 本条对分类收集点选址做出了要求。

Ⅰ、Ⅱ类分类收集点与混合收集的收集点主要区别在于具备不同类垃圾分区存放的功能，其他方面无明显差异，因此进行生活垃圾分类区域的Ⅰ、Ⅱ类收集点选址时，也应按照 5.1.1 和 5.1.2 的要求选址。而Ⅲ类分类收集点一般根据收集的不同类垃圾分别设置，不同类垃圾性质差异较大，产量差异明显，对周边的影响不一，因此Ⅲ类分类收集点选址不做统一规定。

5.2 设 置

5.2.1 为便于划分管理职责、提高垃圾收运效率、减少区域内垃圾散落和渗滤液滴洒，政府机关、企事业单位等相对独立封闭区域和居住区应在其自身用地范围内根据垃圾日产生量，按照本标准表 4.0.3 设置相应的收集点。

5.2.2 城镇人流量大、临街商铺多、交通拥挤的主次道路若设置收集点，一方面容易影响市容市貌和周边环境，引起居民投诉甚至设备毁坏，另外收运车辆临街装卸作业时容易产生交通拥挤及安全隐患，另一方面会影响周围商铺商业价值引起居民纠纷，因此此类街道收集点应尽量避免临街设置，临街商铺垃圾应尽量巡回或定时定点上门收集，条件允许的地方可在支路、背街小巷设置收集点或利用居住组团的收集点收集垃圾，对于垃圾较多的商铺，也可采用电话预约上门收集。

5.2.3 为减轻垃圾外运对居住小区组团内部环境的影响，小区组团应采用将整个小区组团内部的Ⅲ类收集点垃圾清运至Ⅰ类或Ⅱ类收集点暂存集中并外运的方式，因此需设置Ⅰ类或Ⅱ类收集点。现在小区组团规模不一、住宅形式较多，通常老旧小区、低楼层小区（6~7层，每单元每层2~4户）2~7个单元，平均34~98户（102~294人）会设置一个Ⅲ类收集点；高层小区（8~32层，每单元每层2~6户）一般是每个单元，平均37~144户（111~432人）设置一个Ⅲ类收集点，按照置信度95%计算，120~350人会设置一个Ⅲ类收集点，其中低楼层小区设置宜取下限，高楼层小区设置宜取上限，1个单元住户不到120人的小区可几个单元共同设置1个Ⅲ类收集点。另外，考虑到小区组团内各楼栋分布可能造成单个收集点收集半径过大，同时考虑到居民通过地下停车场出入等需求，因此提出也可以按照楼栋单元在地面和地下出入口设置Ⅲ类收集点。

5.2.4 在地下室或地下停车场修建的收集点，一般使用动力较好的机动车或电动车收集，装卸作业一般也在地下收集点处。考虑到装卸作业可能会有垃圾桶举升过程，为确保收运作业安全性，本条要求收集点净空高度应高于收集车辆举升作业最高高度。使用举（提）升设备的收集点应根据设备厂家提供的基建要求建设。

5.2.5 按照《四川省城乡生活垃圾分类及其评价技术导则》将生活垃圾分为可回收物、有害垃圾、易腐垃圾和其他垃圾。其中，易腐垃圾和其他垃圾是家庭产生最多和最常见的垃圾种类，应在每个Ⅲ类收集点分别设置收集容器；有害垃圾量较少，并且不同性质的有害垃圾会相互影响，可按照易脆含汞类（如灯管、温度计等）、液态类（如废油漆桶及农药、涂料杀虫罐等）、固态类（如电池、过期药品、感光胶片等）分别设置收集点，将各种性质的有害垃圾单独收集；可回收物（包括废旧家具、家电）容易被其他垃圾污染，失去回收价值，可通过单独设置回收点、兑换点，或通过电话预约回收的方式收集。

垃圾分类收集地区的Ⅰ类和Ⅱ类收集点除能分类存放易腐垃圾、其他垃圾和有害垃圾的功能外，Ⅰ类和Ⅱ类收集点设置数量要求与混合收集时基本相同，因此本条不再单独提出Ⅰ类和Ⅱ类收集点设置数量要求。

6 收集容器与建构筑物

6.1 收集容器

6.1.1 为方便垃圾的集中投放和收集，生活垃圾收集点一般放置一定数量和规格的垃圾桶（箱）或者垃圾专用集装箱。其中，垃圾桶（箱）包括各类塑料垃圾桶、铁质垃圾桶、自制容器等。垃圾专用集装箱主要为可卸式和压缩式垃圾箱，便于车辆直接运输。

6.1.2 为防止收集容器受到腐蚀、高温、磨损的破坏，影响垃圾的正常收集工作，收集容器应选取防腐、阻燃、抗老化、耐磨的材料，方便移动和清洗，同时不易变形和损毁。收集容器应维护方便，利于日常保洁和管理。

6.1.3 Ⅰ类容器式收集点通常使用地埋式箱体，一般地埋式垃圾箱体单个有效容积为 $5\sim9\ \text{m}^3$，因此Ⅰ类收集点单个收集容器有效容积设定为不宜超过 $9\ \text{m}^3$；Ⅱ类容器式收集点通常使用垃圾专用集装箱，一般钩臂式垃圾箱体单个有效容积为 $2\sim5\ \text{m}^3$，因此Ⅱ类收集点单个收集容器有效容积不宜超过 $5\ \text{m}^3$；Ⅲ类收集点收集容器普遍使用人工清运，一般采用容积不超过 $240\ \text{L}$ 的塑料垃圾桶。为避免垃圾桶在装卸运输过程中产生抛洒，也为了方便人工清运，要求单个垃圾桶一般不宜满载，因此单个Ⅲ类收集点收集容器有效容积不宜超过 $0.2\ \text{m}^3$。

6.1.4 收集容器的总容纳量应满足高峰时段实际使用需求，避免造成垃圾收集容器爆仓的现象。分类收集时各类垃圾收集容器数量应按各类垃圾的排出体积分别计算。

6.1.5 现行国家标准《生活垃圾分类标志》（GB/T 19095）对各类垃圾的色彩及标识进行了规范。为统一分类色彩和标识，推动全省垃圾分类工作开展，分类收集容器的色彩和标识也应符合相关规定。同时，为了色彩标识的统一，在暂未开展垃圾分类的地区，混合垃圾收集容器使用其他垃圾的色彩分类标识。

6.2 建构筑物

6.2.1 本条对收集点的建构筑物总体功能进行了规定。收集点建构筑物应能保证收集点设备的正常使用、具有分类存放区域，能防止雨水渗透，保持空气通畅，内部隐蔽，外形美观。

6.2.2 通常垃圾池与垃圾房易造成垃圾裸露、遗撒，污水横流且臭味严重，对周边环境卫生带来不利影响，故城镇建成区内的固定式收集点宜采用垃圾容器间、地埋式收集点形式；城郊结合部和集镇建成区以外的区域从造价便宜、维护方便等角度考虑，可保留垃圾房的形式，但现有垃圾池应逐步淘汰。

6.2.3 为方便垃圾运输和清扫冲洗，建构筑物内部及周边地面、进出道路应实行硬化。为避免降雨造成收集点雨水、污水积存，同时收集清洗产生的冲（清）洗污水，收集点地面应设置 0.3%～0.5%的排水坡度，并设置或利用收集导排设施，将积水及时排入管网。

6.2.4 收集点建构筑物的地面和墙壁常常受到垃圾和渗滤液污染，需及时清洗，本条对地面及墙壁材料提出了要求，鼓励收集点采用新型、环保、易清洗、防水、防滑、防腐的装饰材料。

6.3 配套设施设备

6.3.1 本条对举（提）升装置的配备提出了要求，为提高垃圾收集、运输作业效率，地埋式收集点应该配备举（提）升装置和设备动力电源。同时，为保证举（提）升作业过程中渗滤液不外流，应配备相应的渗滤液收集系统。

6.3.2 收集点应在作业完成后进行清洗，容器式收集点可外接水源进行容器和场地清洗，也可移动收集容器清洗，而固定式收集点宜在建设时就配备供水管网或供水箱，以便作业完成后清洗保洁。对场地条件较充裕的Ⅰ类收集点，鼓励配备垃圾桶清洗装置，提高垃圾桶清洗效率，保持周边环境清洁卫生。

6.3.3 本条对收集点照明电源配置做出了要求。Ⅰ类和Ⅱ类收集点往往设置在偏僻处，考虑夜间投放和清运需要，若照明条件不好，需配备照明设施。

6.3.4 本条对收集点的日常卫生防疫设施进行了规定。

6.3.5 收集点设置主体较多，包括物业、产权单位、环境卫生主管部门等，为加强环卫精细化和信息化管理，应对收集点进行编号管理，并对权属责任单位和责任人等相关信息进行公示。

6.3.6 为推进生活垃圾分类收集，分类收集点可以设置公示牌或宣传栏，对分类收集的垃圾种类、收集点分布等进行说明。